终点

版权登记号　图字：19-2023-084

For **Space Adventures of Lily and Tim – Unexplored Galaxies**

First published in Russian by «Clever-Media-Group» LLC
Copyright: (c) «Clever-Media-Group» LLC, 2022

图书在版编目（CIP）数据

银河系大冒险 /（俄罗斯）阿纳斯塔西娅·加尔金娜
著；（俄罗斯）叶卡捷琳娜·拉达特科绘；邢承玮译.--
深圳：深圳出版社，2023. 9
（小小宇航员宇宙探索科普绘本）
ISBN 978-7-5507-3789-1

Ⅰ.①银…　Ⅱ.①阿…②叶…③邢…　Ⅲ.①银河系
－儿童读物　Ⅳ.① P156-49

中国国家版本馆 CIP 数据核字 (2023) 第 043335 号

银河系大冒险
YINHEXI DA MAOXIAN

出 品 人　聂雄前
责任编辑　李新艳
责任技编　陈洁霞
责任校对　熊　星
装帧设计　心呈文化

出版发行　深圳出版社
地　　址　深圳市彩田南路海天综合大厦（518033）
网　　址　www.htph.com.cn
订购电话　0755-83460239（邮购、团购）
设计制作　深圳市心呈文化设计有限公司
印　　刷　中华商务联合印刷（广东）有限公司
开　　本　889mm×1194mm　1/16
印　　张　3
字　　数　40 千
版　　次　2023 年 9 月第 1 版
印　　次　2023 年 9 月第 1 次
定　　价　49.80 元

小小宇航员宇宙探索科普绘本

银河系大冒险

〔俄罗斯〕阿纳斯塔西娅·加尔金娜 著

〔俄罗斯〕叶卡捷琳娜·拉达特科 绘

邢承玮 译

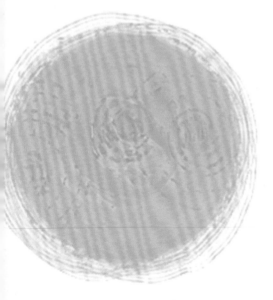

深圳出版社

这是艾瑞克。

这是蒂姆。

这是廖丽娅。

　　蒂姆和廖丽娅是两名小小宇航员，他们不止一次去过太空。现在，他们有机会去参观土卫六上的**科学空间站**。

土卫六　土卫六是土星最大的卫星。

土卫六上的温度能达到-179℃。

土卫六的体积比水星的大。

土卫六上的天空是橘黄色的。

土卫六拥有厚厚的大气层。

土卫六上有海洋，海洋中可能存在生命。

土卫六上夏天能持续7.5个地球年，冬天也是这样。

科学空间站

科学空间站的负责人是天文学家瓦夏。

"小朋友们，你们好，我叫瓦夏，你们可以叫我瓦夏叔叔。"瓦夏对孩子们说道，"这是我的侄女米拉，还有她的宠物——**白蛾蜡蝉**幼虫。"

"它叫恩卡。"米拉开心地补充道。

"我也带来了我的宠物——艾瑞克。"蒂姆笑着从背包里拿出了他的变色龙。

艾瑞克一看见恩卡就吐出了黏黏的长舌头。但是，恩卡的反应更快：它从米拉的肩膀上跳到了头上，藏到了她的头发里。生气的艾瑞克马上从绿色变成了深棕色。

"艾瑞克，不可以吃朋友！"廖丽娅厉声呵斥道，"喏，你最好吃点儿葡萄。"

突然，他们的谈话被一阵敲打声打断了，随后显示器屏幕上出现了一段文字：出现不明**辐射源**，可能存在**不明飞行物**。所有人都冲到了屏幕前。

兰花

"是不是外星人给我们发信号了？""太棒了！我们要回复什么？"孩子们你一言我一语地说了起来。

"你们先四处看看……"瓦夏叔叔心不在焉地回答他们,他在认真研究屏幕上的某些数据,"米拉会向你们介绍这里的一切,只是米拉,请你不要再去克拉肯海里划船了……"

孩子们要做的第一件事是坐飞机飞过土卫六。

"米拉，瓦夏叔叔为什么不让你去海里了？"起飞后，蒂姆问道。

"呃，这个……"米拉笑了起来，"土卫六上有河流、湖泊和海洋。只不过它们的里面不是水，而是液态甲烷和乙烷。我那时不知道，造了个小船就去克拉肯海里划行了。但是，甲烷、乙烷比水的密度小，所以我的小船很快就沉没了。幸好瓦夏叔叔及时赶到，救了我。"

"甲烷、乙烷，那可是气体啊。"廖丽娅惊讶地说。

"嗯，是的。在地球上，甲烷、乙烷就是燃气灶上燃烧的气体，我们用它们来做饭。而在土卫六上，甲烷是液态的。"米拉解释道，"这件事发生后，叔叔一周只让我出去一次。"

孩子们齐声大笑。艾瑞克被笑声吓到了，开始惊慌不安，眼珠滴溜溜地转，但很快就又平静了，开始打起盹来。

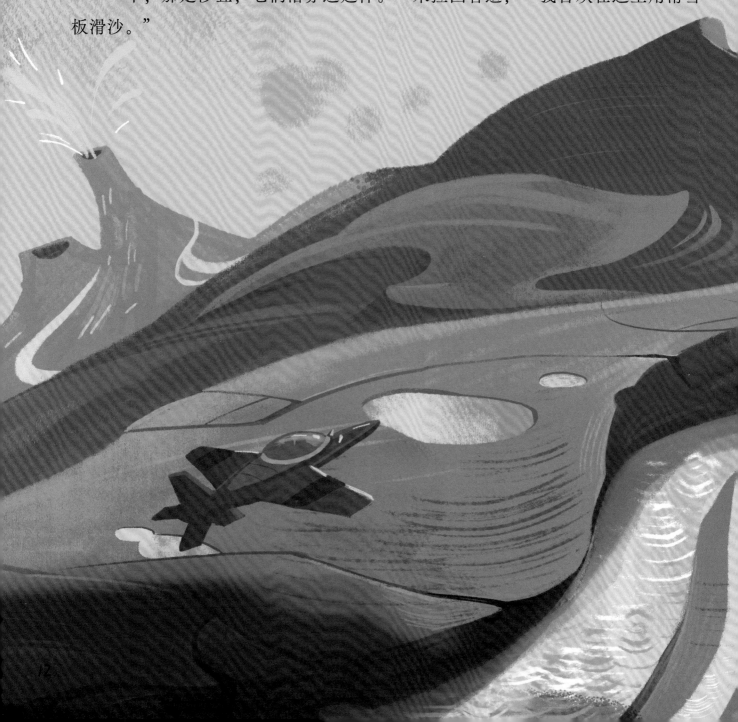

　　"土卫六表面上覆盖的主要是冰，但在某些地方可以看见山，甚至可以看见火山。"米拉又说道，"在地球上，火山喷出的是熔岩，而在土卫六上，火山喷出的'熔岩'其实是液态水。"

　　"前面是火山吗？"蒂姆问道。

　　"不，那是沙丘，它们沿赤道延伸。"米拉回答道，"我喜欢在这里用滑雪板滑沙。"

　　"怎么滑沙？"廖丽娅惊讶地问道。

　　"就像这样。"米拉将飞机着陆，拿起滑雪板，开心地从最近的一个沙丘上滑了下去，好像从山上滑下去一样。

　　蒂姆和廖丽娅等不及了，也拿起了滑雪板，开开心心地跟在米拉后面出发了。

孩子们回到科学空间站，看见瓦夏叔叔在倒立。

"叔叔总是倒立着思考问题。"米拉低声说道。

"您在想什么呢？"蒂姆问瓦夏叔叔。

"我怎么都想不明白，那阵敲打声是怎么回事。"瓦夏站起来说道，"毕竟我们的**银河系**那么大，就像一个超大城市。**太阳系**只是这个城市郊区中一个较小的区域。银河系中到处都是恒星、行星、尘埃和气体，它的中心是**庞大的黑洞**。"

星系构造
银河系

旋臂

中心黑洞

太阳
（位于猎户座旋臂）

银河系中有4000亿颗恒星和1000亿颗行星。

银河系看起来像一个圆盘。

科学家们将银河系称为棒旋星系。

银河系的核心区域是黑洞和老年恒星星团，它们形成球状，被称为银河核球。

银河系中心区域的银河核球呈棒状结构，由大量明亮的恒星组成。

棒状结构的两端就是旋臂开始的地方，旋臂包含恒星、行星以及气体和尘埃团。

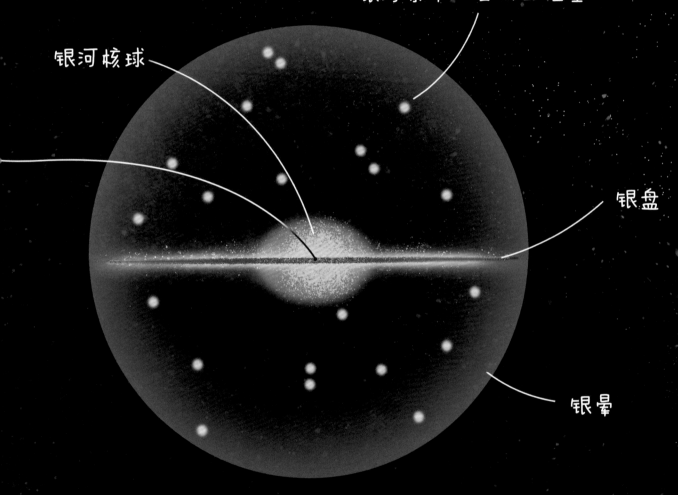

球状星团是一群围绕银河系中心运动的恒星。

银河核球

银盘

银晕

银河系的圆盘周围有一圈晕，形状像一个球体，称为银晕。
银晕由非常古老的恒星、矮星系和热气体组成。
银晕围绕银河系中心移动。

"黑洞就像吸尘器一样，可以吞噬一切。"廖丽娅说道，"幸好，地球离它们很远。"

"是，但是即使离得很远，银河系的中心黑洞也能影响到太阳系。地球和其他行星围绕着太阳运动，而太阳围绕着银河系的中心黑洞运动。"瓦夏叔叔解释道。

"要是用手电筒往里面照一照，也许可以看见里面到底有什么！"蒂姆激动地说道。

"看不到的。"瓦夏叔叔摇了摇头，"黑洞有很强的引力，所以它会把光也吸进去。"

"黑洞是怎么出现的呢？"米拉问道。

"在生命的最后阶段，每颗巨大的恒星都会爆炸，然后就会变成黑洞或者中子星。"瓦夏叔叔又解释道。

让我们来了解一下过程：

恒星从气体和尘埃云中诞生。

出发吧！

如果两个这样的云团相撞，

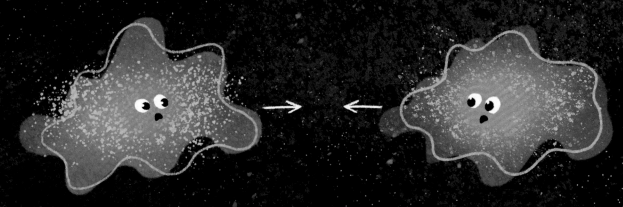

或者一颗恒星在云团旁爆炸，

那么气体和尘埃就会开始旋转，形成一个圆盘。

然后一个核心逐渐从气体和尘埃中形成，新的恒星就诞生了。

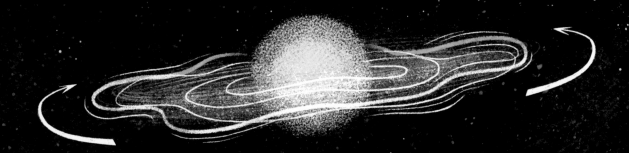

恒星到了生命末期，其核心会逐渐缩小，而其外层会变得更大。这就已经不是恒星了，而是红巨星。

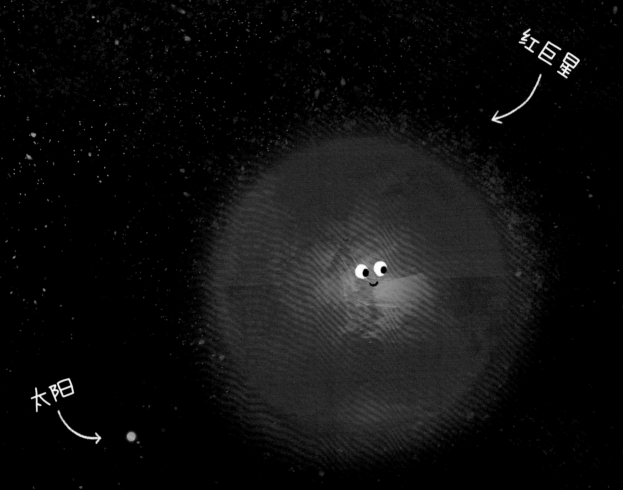

红巨星

太阳

比较一下太阳和红巨星的大小。

红巨星的外壳逐渐脱离，会成为发光的气体云，科学家们称这些气体云为行星状星云。

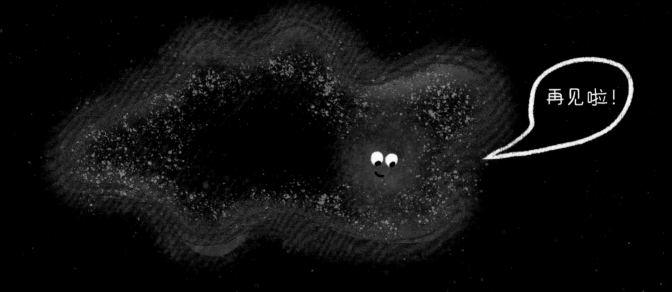

再见啦！

红巨星只剩下一个核心，变成白矮星，它发出微弱的光芒，然后慢慢冷却。

你们知道科学家们现在称太阳为黄矮星吗？

大型恒星在生命末期会变成红色超级巨星，其核心会不断缩小，随后发生爆炸。这时恒星的亮度大大增加，但紧接着逐渐变暗。这就是超新星的爆发。

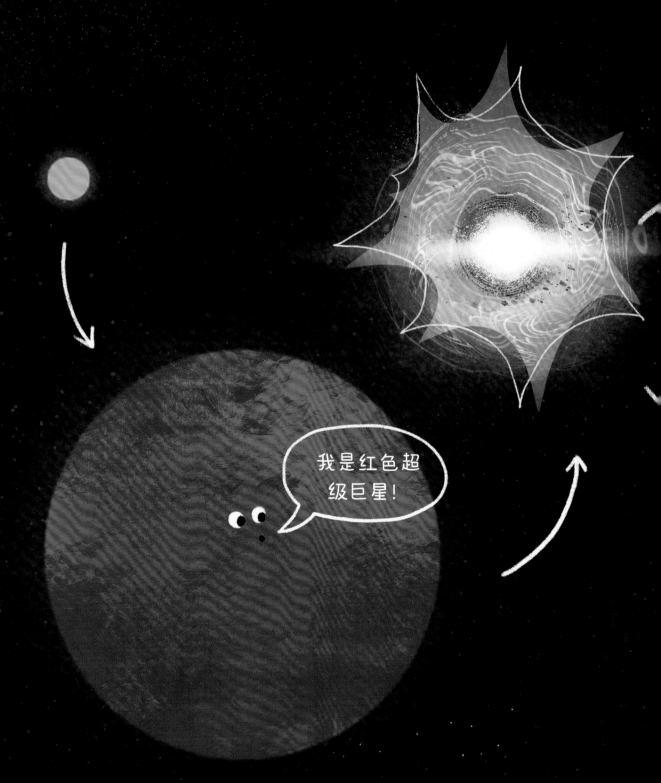

大型恒星爆炸后会留下一个黑洞或一颗中子星。黑洞是宇宙中引力非常强的一种天体，能吞噬它周围的一切物质，甚至光。

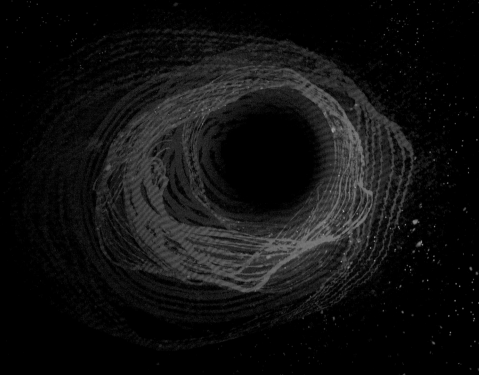

中子星体积较小，温度更高，密度很大。即使从中子星上挖下一块火柴盒大小的碎块，我们也拿不起来，它的重量有10多亿吨。

中子星的半径为10~20千米。

"什么？难道太阳也会爆炸，然后变成黑洞吗？"米拉惊恐地问道。

"不会，太阳是小型恒星，所以未来会变成白矮星。但这是几十亿年之后的事情了，这段时间里，人们将会发现一颗新的行星，移居到银河系的其他地方。"瓦夏叔叔十分肯定地说道。

太阳是小型恒星……

出发吧！

太阳
与其他恒星的对比

北河三星

天狼星

毕宿五星

大角星

太阳

"我们活动活动吧！"短暂的沉默后，瓦夏叔叔建议道。

米拉心领神会地点点头。

她对蒂姆和廖丽娅解释说："土卫六上的**重力**比地球上的小，因此我们可以在土卫六上飞翔。瓦夏叔叔还专门做了很多翅膀！"

在土卫六上飞翔十分有趣。不过很快，甲烷雨微微地下了起来，但这完全不妨碍大家开心地玩耍。

早上，蒂姆和廖丽娅睡醒后，看见瓦夏叔叔坐在屏幕前。

"我整晚没有睡，终于知道我们昨天听到的那阵敲打声是怎么回事了！"他兴奋地说道，"是脉冲星！"

"那是什么？"廖丽娅伸了个懒腰问道。

"中子星旋转速度很快，就像小孩玩的陀螺一样，它会发出**辐射**，科学家们将发出这种辐射的天体称作脉冲星。昨天，我们的机器捕捉到其中一颗脉冲星的无线电波，并把它变成了声音。"

脉冲星

脉冲星在生命初期时，转速很快，但会逐渐放缓。一段时间后，脉冲星的转速会变得非常慢，以至于从地球上无法探测到它的辐射信号。

也许有一天，航天器在围绕太阳系飞行时会使用这些脉冲星作为太空灯塔。

脉冲星每秒可转1~700圈。

第一颗脉冲星是在1967年被发现的。

"银河系中有好多事物啊，真有意思。它是怎么形成的呢？"廖丽娅沉思起来。

"科学家们也还不清楚具体的形成过程。"瓦夏叔叔打了个哈欠，"很可能是第一批恒星从**气体和尘埃云**中出现，**超新星**的爆炸产生了新恒星。在引力作用下，**银河系**将一些矮星系吸引过来，因此它变得更加巨大了。100亿年前银河系与盖亚-恩克拉多斯星系合并，然后大概过了40亿年，银河系又把大麦哲伦星云、小麦哲伦星云吸引过来。"

大麦哲伦星云

小麦哲伦星云

银河系

突然，隔壁房间传来米拉绝望的叫喊声：

"哦，不！艾瑞克把恩卡吃了！"

所有人一起冲向她那里，只见米拉站在房间中间的地板上，伤心得要哭。艾瑞克坐在旁边的桌子上，一脸满足的表情。

"好像……恩卡开始了新生。"瓦夏叔叔说道。

"嗯哼，在艾瑞克的肚子里。"米拉哽咽地说。

"当然不是，怎么可能?恩卡只是从幼虫进化到了成年，它在这里呢，伪装成了一朵花。"瓦夏叔叔安慰米拉道，并小心翼翼地把恩卡放在他的手指上。

39

所有人都很兴奋，久久地看着变身后的恩卡。然后米拉和廖丽娅准备给它做一个小房子，只有蒂姆坐在一旁，看起来不开心。

　　"小朋友，你怎么了？"瓦夏叔叔来到他身旁问道。

　　"我好想和外星人说说话呀。"蒂姆叹了一口气说。

　　"蒂姆，你知道吗？我还是个孩子的时候，就梦想着像小鸟一样飞翔，所有人都嘲笑我。但我长大之后，在这里，在土卫六上实现了我的梦想。我相信，有一天你的梦想也会实现的。最重要的是不要放弃。"瓦夏叔叔面带微笑，鼓励地拍了拍蒂姆的肩膀。

小朋友，来帮助恩卡到达
瓢虫朋友那里吧！